"十四五"时期国家重点出版物出版专项规划项目

配网带电作业系列图册

An atlas of live working on distribution network

Operating skills of safety
protection and insulation cover

安全防护与遮蔽操作技能

华北电力科学研究院有限责任公司

国网冀北电力有限公司技能培训中心　组编

带 电 作 业 专 家 工 作 委 员 会

U0238818

中国水利水电出版社

www.waterpub.com.cn

·北京·

内 容 提 要

本书是《配网带电作业系列图册》中的一本，主要介绍了安全防护与遮蔽操作技能，内容包括安全防护概述、安全防护用具分类、安全防护用具佩戴方式及要求、绝缘遮蔽概述、绝缘遮蔽用具分类、绝缘遮蔽原则及实施、遮蔽要求等。本书采用"线描图＋文字说明"的方式，详细阐述安全防护与绝缘遮蔽的技能点和注意事项，兼具知识性、直观性和趣味性，便于作业人员进一步理解、固化现场培训后的操作要领和技艺。

本书可作为现场带电作业人员的培训用书，也可供相关专业从业人员参考。

图书在版编目（CIP）数据

配网带电作业系列图册. 安全防护与遮蔽操作技能 / 华北电力科学研究院有限责任公司，国网冀北电力有限公司技能培训中心，带电作业专家工作委员会组编. -- 北京：中国水利水电出版社，2023.4
　　ISBN 978-7-5226-1299-7

　　Ⅰ.①配… Ⅱ.①华… ②国… ③带… Ⅲ.①配电系统－带电作业－图集②配电系统－带电作业－安全防护－图集 Ⅳ.①TM727-64

中国国家版本馆CIP数据核字（2023）第015173号

书　　　名	配网带电作业系列图册 **安全防护与遮蔽操作技能** ANQUAN FANGHU YU ZHEBI CAOZUO JINENG
作　　　者	华北电力科学研究院有限责任公司 国网冀北电力有限公司技能培训中心　组编 带 电 作 业 专 家 工 作 委 员 会
出 版 发 行	中国水利水电出版社 （北京市海淀区玉渊潭南路1号D座　100038） 网址：www.waterpub.com.cn E-mail：sales@mwr.gov.cn 电话：（010）68545888（营销中心）
经　　　售	北京科水图书销售有限公司 电话：（010）68545874、63202643 全国各地新华书店和相关出版物销售网点
排　　　版	中国水利水电出版社微机排版中心
印　　　刷	天津嘉恒印务有限公司
规　　　格	184mm×260mm　16开本　5印张　130千字
版　　　次	2023年4月第1版　2023年4月第1次印刷
印　　　数	0001—2500册
定　　　价	**86.00元**

凡购买我社图书，如有缺页、倒页、脱页的，本社营销中心负责调换

版权所有·侵权必究

《配网带电作业系列图册》编委会

主　　任：郭海云

成　　员：高天宝　杨晓翔　蒋建平　牛　林　曾国忠　孙　飞

　　　　　郑和平　高永强　李占奎　陈德俊　张　勇　周春丽

《安全防护与遮蔽操作技能》编写组

主　　编：郝　宁　狄美华

副 主 编：刘　亮　刘　博　王　康　刘　珅

编写人员：张志锋　应永灵　张周伟　秦　锋　陈德俊　郝旭东

　　　　　龙　飞　刘鑫聪　胥　莹　左加伟　闫　滨　孙　涛

　　　　　胡海斌　陈　康　陈义忠　张宏琦　李国龙　唐静雅

　　　　　余志森　龚先权　宁博扬　王新娜　仓国斌　杨润东

　　　　　韩　胜　沈科炬　毛永铭　王显权　李慧杰

前　言

随着全社会对供电可靠性要求的不断提高和我国城镇化的快速发展，配电带电作业逐渐成为提高供电可靠性不可或缺的手段，我国先后开展了绝缘杆带电作业、绝缘手套带电作业等常规配电线路带电作业项目，以及配电架空线路不停电作业、电缆线路不停电作业等较复杂的带电作业项目。作业量的增加对带电作业从业队伍提出了更高的要求，而培养一名合格的带电作业人员，体系化的培训是必不可少的。然而，对于每一名带电作业人员而言，实训不能从零认知开始。如何在现场实训之前对操作的要点、规范的行为获得感性的认知，借助什么样的教材去让作业人员进一步理解、固化现场培训之后的操作要领和技艺，并让规范的操作形成职业习惯——这是带电作业领域一直重视的问题。

带电作业专家工作委员会的专家们对解决上述问题的重要性、迫切性达成共识。在 2016 年度工作会议上做出了编写带电作业系列图册、录制视频教学片的决定并成立了编委会，随后将其正式列入工作计划。2021 年 12 月 30 日，《配网带电作业系列图册》成功入选"十四五"时期国家重点出版物出版专项规划项目，率先开启带电作业专家与相关单位参与国家重点出版项目的新篇章。在《常用项目操作技能》《配电线路旁路作业操作技能》《车辆操作技能》完成的基础上，华北电力科学研究院有限责任公司、国网冀北电力有限公司技能培训中心、带电作业专家工作委员会继续组织相关专家完成《安全防护与遮蔽操作技能》图册，该系列的《登高与吊装作业技能》《检测技能》《工器具操作技能》也将相继出版。

在本分册的编写过程中，我们追求知识性、直观性、趣味性的统一，力求达到文字、工程语言（设备、工具状态）、肢体语言（操作者的动作）的完美结合。在具体创作形式上，利用线描图简单、准确的特点展现安全防护用具和绝缘遮蔽用具的形态，"定格"安全防护与遮蔽作业场景；对安全防护用具和绝缘遮蔽用具的功能、作业人员的操作动作、操作危险点等附文字表述，给读者提供多形式、多方位、多视角的作业现场场景再现。全书图文并茂、简单直观、条理清晰，能够让新从业人员看得懂、学得会、掌握快、印象深。与《配网带电作业系列图册》其他分册相辅相成，构成了系统的配网带电作业生产现场专业技能培训教材体系。

由于线描图方式是我们本系列图册的独创形式，且同类书籍较少、描图水平局限等原因，图册中难免出现对重要作业环节、关键描述不足、绘画笔画要素运用不当等情况。希望广大同行及读者多提宝贵建议，以便我们在陆续编辑出版的系列分册中改进和完善。

最后，希望广大一线员工把该书作为带电作业的工具书、示范书，切实增强安全意识，不断规范作业行为，确保高效完成各项工作任务，为电网科学发展做出新的更大贡献。

带电作业专家工作委员会

2023 年 1 月

目　录

第 1 章

安全防护概述

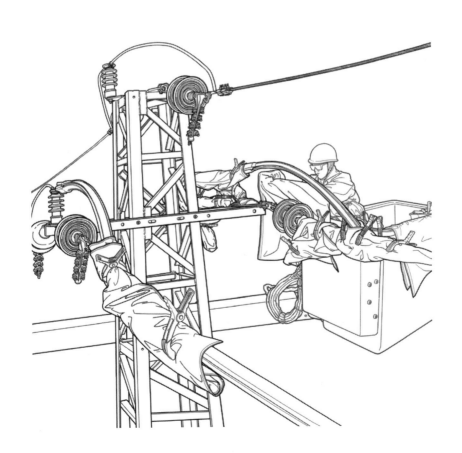

1.1　安全防护定义

GB/T 18857—2019《配电线路带电作业技术导则》对安全防护的定义为：由绝缘材料制成，用来遮蔽或隔离带电体和邻近的接地部件的硬质或软质用具，在带电作业时对人体进行安全防护的用具。

1.2　安全防护作用

10kV 配电线路具有三相导线之间距离短、配电设施密集、作业范围窄小的特点。实施配电线路带电作业时，作业人员容易触及处于不同电位的电力设施，可能引发人体触电、单相接地或相间短路事故。因此，作业过程中做好安全防护，可有效规避上述作业风险，确保作业安全。

1.3　安全防护方式

10kV 配电线路带电作业安全防护通常分为绝缘杆作业法和绝缘手套作业法两种。无论使用哪种安全防护方式，带电作业过程中，为确保作业人身和设备安全，保证作业施工有序开展，作业人员采用穿戴安全防护用具、保持安全距离和绝缘遮蔽相结合的安全防护方式，实现主、辅绝缘结合、多层后备绝缘防护的安全作业。带电作业用绝缘防护用具和遮蔽用具应符合相关标准要求，定期试验合格且在有效期内方可使用，预防性试验应符合 DL/T 976《带电作业工具、装置和设备预防性试验规程》的要求。

1.3.1　绝缘杆作业法安全防护方式

在配电线路上采用绝缘杆作业法带电作业时，绝缘工具为相地之间主绝缘，安全防护用具为辅助绝缘；带电作业过程中人体与带电体应始终保持足够的安全距离，配电不停电作业时人身与带电体的安全距离见表 1.1，作业人员需穿戴绝缘手套和绝缘鞋。作业过程中有可能引起不同电位设备之间发生短路或接地故障时，应对设备设置绝缘遮蔽。绝缘杆作业法既可在登杆作业中采用，也可在斗臂车的工作斗或其他绝缘平台上采用。

表 1.1　配电不停电作业时人身与带电体的安全距离

电压等级 /kV	10	20
安全距离 /m	0.4	0.5

1.3.2　绝缘手套作业法安全防护方式

在配电线路上采用绝缘手套作业法带电作业时，绝缘承载工具为相地主绝缘，空气间隙为相间主绝缘，绝缘遮蔽用具、安全防护用具为辅助绝缘；采用绝缘手套作业法时无论作业人员与接地体和相邻带电体的空气间隙是否满足规定的安全距离，作业前均需对人体可能触及范围内的带电体和接地体进行绝缘遮蔽，穿戴全套安全防护用具，绝缘工具最小有效绝缘长度见表 1.2。在作业范围窄小、电气设备布置密集处，为保证作业人员对相邻带电体或接地体的有效隔离，在适当位置还应装设绝缘隔板等限制作业人员的活动范围。

表 1.2　绝缘工具最小有效绝缘长度

电压等级 /kV	有效绝缘长度 /m	
	绝缘操作杆	绝缘承力工具、绝缘绳索
10	0.7	0.4
20	0.8	0.5

第 2 章
安全防护用具分类

2.1　绝缘安全帽

1. 设备装置

图 2-1　绝缘安全帽

2. 功能描述

绝缘安全帽主要由绝缘帽壳、帽衬和下颏带组成，具有较轻的质量、较好的抗机械冲击特性以及耐压水平（20kV/3min），多采用高强度塑料或玻璃纤维等绝缘材料制成，主要用于 10kV 架空线路带电作业人员头部的电绝缘和冲击防护。

3. 注意事项

绝缘安全帽使用前应进行外观检查，检查安全帽的外观是否有裂纹或磨损等痕迹，帽衬是否完整，帽衬的结构是否处于正常状态。绝缘安全帽需正确佩戴，下颏带必须扣在颏下并系牢。

2.2　护目镜

1. 设备装置

图 2-2　护目镜

2. 功能描述

护目镜有深色和无色透明两种款式，主要用于防护作业人员带电断、接引线作业时产生的电弧伤害，即作业人员戴护目镜可以有效地防止放弧时飞溅的金属屑可能对眼睛造成的伤害。同时可以为作业人员提供舒适的视野，避免高空风沙、阳光等对眼睛造成的伤害。

3. 注意事项

护目镜款式可结合作业环境选择，在光线较强的作业环境下工作时，宜佩戴深色偏光护目镜；在光线较暗的环境下工作时，应使用无色透明护目镜。护目镜应专人专用，防止作业人员交叉传染疾病。

2.3　绝缘服（上衣）

1. 设备装置

图 2-3　绝缘服（上衣）

2. 功能描述

　　绝缘服（上衣）主要用于配电线路带电作业人员上半身躯体的绝缘防护，保护带电作业人员免遭电击，其多采用 EVA 树脂等绝缘材料经由真空压制而成。

3. 注意事项

　　绝缘服（上衣）在使用前应进行外观检查，确认有无破损。若存在以上缺陷，应退出使用。选择绝缘服（上衣）款式时应尽量选择后开襟绝缘服，便于对作业人员正面的绝缘防护。

2.4　绝缘裤

1. 设备装置

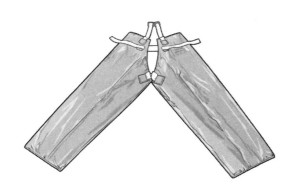

图 2-4　绝缘裤

2. 功能描述

　　绝缘裤主要用于配电线路带电作业人员下半身躯体的绝缘防护，保护带电作业人员免遭电击，其多采用 EVA 树脂等绝缘材料经由真空压制而成。

3. 注意事项

　　绝缘裤在使用前应进行外观检查，确认有无破损。若存在以上缺陷，应退出使用。

2.5 绝缘袖套

1. 设备装置

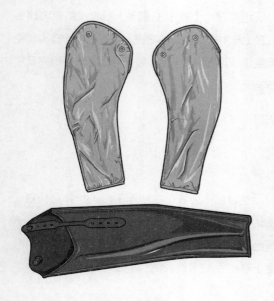

图 2-5 绝缘袖套

2. 功能描述

绝缘袖套主要用于配电线路带电作业人员双臂的绝缘防护，保护带电作业人员免遭电击，其多采用 EVA 树脂或橡胶制成。

3. 注意事项

绝缘袖套在使用前应进行外观检查，确认有无刺孔、划破等缺陷。若存在以上缺陷，应退出使用。绝缘手套应套在绝缘袖套外面，且搭接长度应大于 15cm。

2.6 绝缘披肩

1. 设备装置

图 2-6 绝缘披肩

2. 功能描述

绝缘披肩主要用于配电线路带电作业人员腹部以上躯体的防护，保护带电作业人员手臂和前胸免遭电击，其多采用 EVA 树脂材料经由真空压制而成。

3. 注意事项

绝缘披肩在使用前应进行外观检查，确认有无破损。若存在以上缺陷，应退出使用。因绝缘披肩难以对胸口以下部位起到有效防护，作业人员在使用时应注意自身未有效遮蔽部位与带电体或接地体的安全距离。

2.7 绝缘手套

1.设备装置

图 2-7 绝缘手套

2.功能描述

绝缘手套主要用于配电线路带电作业人员手部的防护,保护带电作业人员手部免遭电击,其多采用橡胶制成。使用绝缘手套时,需配合防护手套使用。

3.注意事项

绝缘手套在使用前应使用充气装置或其他检测方式压入空气,倾听有无漏气的"哧哧"声,以便确认绝缘手套有无针孔或损伤缺陷。若存在以上缺陷,应退出使用。

2.8 防护手套

1.设备装置

图 2-8 防护手套

2.功能描述

防护手套主要用于对绝缘手套的机械防护,其多采用皮革(如羊皮)制成,具有良好的防穿刺、防滑、防磨损等特性。

3.注意事项

防护手套在使用前应进行外观检查,对破损老化的防护手套应做报废处理。防护手套大小应适当,防止佩戴时过松或过紧。

2.9　绝缘靴

1. 设备装置

图 2-9　绝缘靴

2. 功能描述

绝缘靴主要用于配电线路带电作业人员小腿及足部的绝缘防护，其多采用优质天然橡胶注压而成，具有良好的耐磨、耐低温、热老化等性能。

3. 注意事项

绝缘靴在使用前应压入空气，检查有无针孔缺陷。若存在以上缺陷，应退出使用。使用时绝缘裤管应套在靴筒内。绝缘靴不得用作雨靴或用于其他用途。

2.10　绝缘鞋

1. 设备装置

图 2-10　绝缘鞋

2. 功能描述

绝缘鞋主要用于配电线路带电作业人员足部的绝缘防护，按材质可分为布面绝缘鞋、皮面绝缘鞋等。

3. 注意事项

绝缘鞋使用前应进行外观检查。

2.11　绝缘套鞋

1. 设备装置

图 2-11　绝缘套鞋

2. 功能描述

绝缘套鞋具有良好的绝缘性能，为绝缘斗臂车斗内作业人员所穿戴的绝缘防护用具之一。使用时套在绝缘鞋外面，主要用于配电线路带电作业人员足部的绝缘防护，多采用橡胶制成。

3. 注意事项

绝缘套鞋使用前应进行外观检查，确认有无破损。若存在以上缺陷，应退出使用。

第 3 章

安全防护用具佩戴
方式及要求

3.1　绝缘手套作业法的佩戴方式及要求

图 3-1　绝缘手套作业法穿戴整体图

【技能描述】

采用绝缘手套法带电作业前，作业人员应对作业过程中穿戴的绝缘防护用具进行绝缘检测及外观检查，合格后方可佩戴。带电作业时，须正确佩戴全套安全防护用具［包括绝缘安全帽、绝缘服、绝缘裤、绝缘手套及绝缘鞋（绝缘套鞋或绝缘靴）］，在开展带电断、接引流工作时，须佩戴护目镜。

【危险点】

人体触电。

【注意事项】

在作业过程中，对作业中可能触及的带电体及无法满足安全距离的接地体应采取绝缘遮蔽措施，并且禁止摘下绝缘防护用具。

1.技能点：绝缘安全帽的佩戴及要求

【技能描述】

正确佩戴绝缘安全帽。作业人员根据自己头围的大小，使用帽子后侧的卡扣进行调节，使绝缘安全帽的帽衬贴紧头部，调节绝缘安全帽下颚带的卡扣，确保绝缘安全帽稳固不掉落。

【危险点】

操作过程中碰到横担等铁构件，或者遇到高空落物，遭到物体打击等。

【注意事项】

进入工作现场应正确佩戴绝缘安全帽，并系好下颚带。

（a）正面图　　　（b）侧面图

图 3-2　正确佩戴绝缘安全帽

2.技能点：绝缘裤的穿着及要求

【技能描述】

正确穿着绝缘裤。作业人员根据自己下半身躯体的长度，选择合适的尺码，并将绝缘裤穿上，将其上面的背带交叉背好至背部，不易掉落即可。

【危险点】

绝缘斗内双人工作时，分别接触不同电位导致电击。

【注意事项】

绝缘斗内双人工作时禁止两人接触不同的电位体。

（a）正面图　　　（b）背面图

图 3-3　正确穿着绝缘裤

11

3. 技能点：绝缘服的穿着及要求

（a）正面图　　　（b）背面图

图 3-4　绝缘服的穿着

【技能描述】

正确穿着绝缘服［包含前开襟和后开襟（带网眼）］。作业人员根据自己上半身躯体的大小，选择合适的尺码，并将绝缘服穿上，扣紧衣服的扣子即可。

【危险点】

人体触电。

【注意事项】

作业人员必须穿着合格的绝缘服，作业过程中严禁取下。

4. 技能点：绝缘手套和防护手套的佩戴及要求

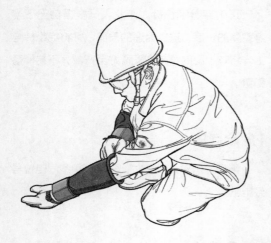

图 3-5　正确佩戴绝缘手套（内衬手套、绝缘手套、防护手套）

【技能描述】

正确佩戴绝缘手套和防护手套。作业人员根据自己手部的大小，选择合适的尺码，先戴好内衬手套再戴好绝缘手套，最后戴好防护手套。

【危险点】

人体触电。

【注意事项】

作业人员必须佩戴合格的绝缘手套和防护手套，作业过程中严禁取下。

5. 技能点：绝缘鞋（绝缘套鞋、绝缘靴）的穿着及要求

【技能描述】

正确穿着绝缘鞋（绝缘套鞋、绝缘靴），作业人员根据自己足部的大小，选择合适的绝缘鞋、绝缘套鞋尺码，先穿好绝缘鞋，系好鞋带，再套上绝缘套鞋；或作业人员根据自己足部的大小，选择合适的绝缘靴尺码，穿好绝缘靴。

【危险点】

绝缘斗内双人工作时，分别接触不同电位导致电击。

【注意事项】

绝缘斗内双人工作时禁止两人接触不同的电位体。

图 3-6　正确穿着绝缘套鞋、绝缘靴

6. 技能点：护目镜的佩戴及要求

【技能描述】

作业人员实施带电断、接引线作业时，应正确佩戴护目镜或防电弧面罩，用以防护外物飞溅或电弧、亮度对作业人员眼睛的防护用具。

【危险点】

电弧灼伤。

【注意事项】

带电断、接引流线时，作业人员必须佩戴护目镜。

图 3-7　正确佩戴护目镜

3.2 绝缘杆作业法的佩戴方式及要求

图 3-8 绝缘杆作业法穿戴整体图

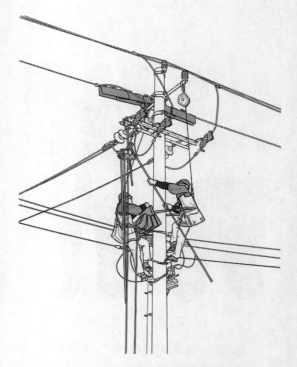

图 3-9 绝缘杆作业法操作图
（手部握杆位置应保证绝缘杆 0.7m 的最小有效绝缘长度。）

【技能描述】

采用绝缘杆作业法带电作业，作业人员需佩戴绝缘安全帽、戴绝缘手套和穿绝缘鞋。作业前应对个人安全防护用具进行外观检查，应无针孔、砂眼、裂纹。检查人员应戴清洁、干燥的手套。带电作业过程中人体与带电体和接地体应始终保持足够的安全距离（不小于 0.4m），作业人员即使穿戴绝缘服也不得突破 0.4m 的安全距离。还须注意防止绝缘杆被人体或设备短接，应保持有效的绝缘长度。

【危险点】

人体触电。

【注意事项】

带电作业过程中人体与带电体和接地体须保持足够的安全距离，防止绝缘杆被人体或设备短接，绝缘杆有效绝缘长度应满足不小于 0.7m。穿戴绝缘服不能突破 0.4m 的安全距离。

注意：绝缘杆作业法无需穿戴绝缘服；绝缘安全帽、绝缘护目镜、绝缘手套和绝缘鞋的穿戴方法与绝缘手套作业法的要求相同，不再赘述。

第 4 章

绝缘遮蔽概述

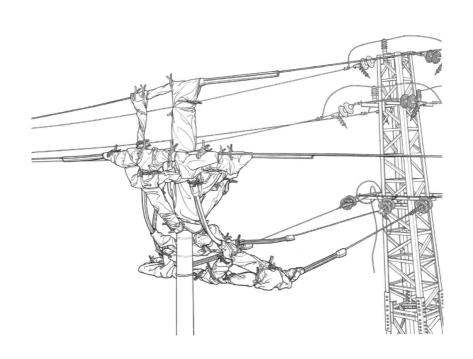

4.1 绝缘遮蔽定义

GB/T 18857—2019《配电线路带电作业技术导则》对绝缘遮蔽的定义为：带电作业时，使用由绝缘材料制成的具有固定形状的保护罩或片材，覆盖于需要遮蔽的设备（带电体或接地体）外表面，起到绝缘隔离的保护作用，弥补空气间隙的不足。

4.2 绝缘遮蔽作用

绝缘遮蔽与绝缘隔离措施用于防止带电作业时可能发生的意外触电或设备单相接地、相间短路事故，是 10kV 配网带电作业的一项重要安全防护措施。采用完善的绝缘遮蔽措施，使用合格的安全防护工具，可以有效防止带电作业过程中的人身、设备事故的发生。带电作业过程中，绝缘遮蔽罩不起主要的绝缘作用，只适用于作业人员发生意外短暂触碰时，起到绝缘遮蔽和隔离的保护作用。

4.3 绝缘遮蔽方式

带电作业设置绝缘遮蔽措施时，通常采用以下两种方式实施：①使用绝缘操作杆装拆绝缘遮蔽用具，当采用绝缘杆作业法实施带电作业时采用；②佩戴绝缘手套装拆绝缘遮蔽用具，当采用绝缘手套作业法实施带电作业时采用。

绝缘遮蔽用具主要用于 35kV 及以下带电作业中，用于绝缘隔离带电体和接地体。硬质绝缘隔板，推荐采用环氧树脂玻璃布层压板及玻璃纤维模压定型板制作。软质绝缘隔板、罩及覆盖物，推荐采用绝缘性能良好、非脆性、耐老化的工程塑料膜压件、层压件或橡胶制作。低压隔离套可采用一般绝缘橡胶制作。包裹导电体的不规则覆盖物，可采用聚乙烯、聚丙烯、聚氯乙烯等塑料软板或薄膜制

作。潮湿天气应选择具有防潮功能的绝缘遮蔽用具。

根据遮蔽对象的不同，遮蔽工具可以为硬壳型、软型或变形型，也可以为定型和平展型的。根据遮蔽罩的不同用途，可分为不同类型，主要有：

（1）导线遮蔽罩（又称导线的绝缘软管）：用于对裸导线进行绝缘遮蔽的套管式护罩。

（2）针式绝缘子遮蔽罩：用于对针式绝缘子进行绝缘遮蔽的护罩。

（3）耐张装置遮蔽罩：用于对耐张绝缘子、线夹、拉板金具等进行绝缘遮蔽的护罩。

（4）横担遮蔽罩：用于对铁、木横担进行绝缘遮蔽的护罩。

（5）电杆遮蔽罩：用于对电杆或其头部进行绝缘遮蔽的护罩。

（6）绝缘隔板：用于隔离带电部件、限制带电作业人员活动范围的绝缘平板护罩。

（7）棒形绝缘子遮蔽罩：用于对绝缘横担进行绝缘遮蔽的护罩。

（8）套管遮蔽罩：用于对开关等设备的套管进行绝缘遮蔽的护罩。

（9）跌落式开关遮蔽罩：用于对配电变压器台的跌落式开关（包括其接线端子）进行绝缘遮蔽的护罩。

（10）绝缘布：用于包缠各类带电或不带电导体部件的软形绝缘护罩。

（11）非凡遮蔽罩：用于某些非凡绝缘遮蔽用途而专门设计制作的护罩。

第 5 章

绝缘遮蔽用具分类

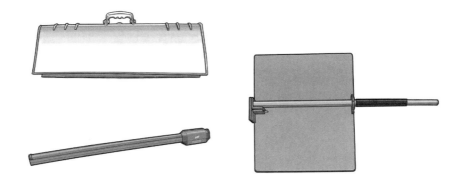

5.1　绝缘毯

1. 设备装置

图 5-1　绝缘毯（图为铺设三块绝缘毯）

2. 功能描述

　　绝缘毯通常采用橡胶、EVA 树脂等绝缘材料制作，成品具有质地柔软、裁切容易、绝缘性能好等特点。绝缘毯的柔软特性特别适合在带电作业时对配电线路的导线、绝缘子、避雷器以及形状不规则的电杆、横担等部位进行绝缘遮蔽。因此，绝缘毯在 10kV 带电作业中应用最为普遍，对带电作业人员起到了很好的安全保护作用。

3. 注意事项

　　绝缘毯作为辅助绝缘使用；绝缘毯使用必须符合相应的电压等级；多块绝缘毯组合使用时，绝缘毯之间重叠面长度不得小于 15cm；绝缘毯遮蔽完成后应连接可靠、无缝隙。

5.2　绝缘毯夹

1. 设备装置

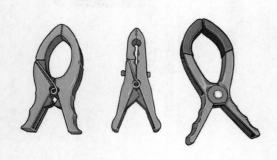

图 5-2　绝缘毯夹

2. 功能描述

　　绝缘毯夹通常采用塑料压制而成，具有良好的固定性和轻便性，在配电线路带电作业时与绝缘毯配合使用，利用其容易握持不伤绝缘毯的特点，用于夹持固定绝缘毯，防止用于绝缘遮蔽的绝缘毯松脱。

3. 注意事项

　　绝缘毯夹作为辅助工具使用，不视为绝缘工具；使用前应检查绝缘毯夹弹簧和销钉是否完好；使用过程中应确保绝缘毯夹受力夹紧后作业人员方可松手；防止绝缘毯夹使用过程中掉落。

5.3 导线遮蔽罩

1. 设备装置

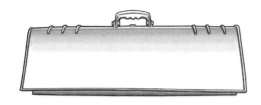

图 5-3 导线遮蔽罩

2. 功能描述

导线遮蔽罩通常采用橡胶、工程塑料等绝缘材料制成，按照绝缘材料质地的不同，分为硬质和软质两种。导线遮蔽罩用于对导线进行绝缘遮蔽，多个导线遮蔽罩可以首尾相连使用，完成对较长导线的绝缘遮蔽。

3. 注意事项

导线遮蔽罩作为辅助绝缘使用；可与耐张装置遮蔽罩、导线遮蔽罩、绝缘套管、绝缘毯组合使用，组合使用时，遮蔽用具重叠面长度不得小于15cm。使用前应检查导线遮蔽罩表面是否有划痕或裂缝，有裂缝则禁止使用。

5.4 针式绝缘子遮蔽罩

1. 设备装置

图 5-4 针式绝缘子遮蔽罩

2. 功能描述

针式绝缘子遮蔽罩大多采用橡胶材料制作。带电作业时，用于遮蔽针式绝缘子，一般与导线遮蔽罩配合使用。

3. 注意事项

针式绝缘子遮蔽罩作为辅助绝缘使用；可与导线遮蔽罩、绝缘套管、绝缘毯组合使用，组合使用时其遮蔽用具之间重叠面长度不得小于15cm。使用前应检查针式绝缘子遮蔽罩表面是否有划痕或裂缝，有裂缝则禁止使用。

5.5　耐张装置遮蔽罩

1. 设备装置

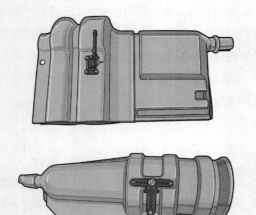

图 5-5　耐张装置遮蔽罩

2. 功能描述

　　耐张装置遮蔽罩大多采用橡胶或塑料等绝缘材料制成。带电作业时，用于对耐张绝缘子、耐张线夹及部分导线三部分进行整体组合绝缘遮蔽，也可以和导线遮蔽罩配合使用。

3. 注意事项

　　耐张装置遮蔽罩作为辅助绝缘使用；可与横担遮蔽罩、导线遮蔽罩、绝缘套管、绝缘毯组合使用，组合使用时，遮蔽用具之间重叠面长度不得小于 15cm。使用前应检查耐张装置遮蔽罩表面是否有划痕或裂缝，有裂缝则禁止使用。

5.6　横担遮蔽罩

1. 设备装置

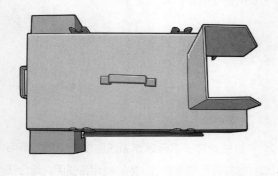

图 5-6　横担遮蔽罩

2. 功能描述

　　横担遮蔽罩大多采用橡胶或塑料等绝缘材料制作。带电作业时，用于对杆上横担（抱担、直线横担等）进行绝缘遮蔽。横担遮蔽罩可与同电杆绝缘遮蔽罩及耐张绝缘遮蔽罩等配合使用。

3. 注意事项

　　横担遮蔽罩作为辅助绝缘使用；可与耐张装置遮蔽罩、电杆遮蔽罩、绝缘毯组合使用，组合使用时，遮蔽用具之间重叠面长度不得小于 15cm。使用前应检查横担遮蔽罩上各个组件连接牢固可靠，检查横担遮蔽罩表面是否有划痕或裂缝，有裂缝则禁止使用。

5.7 电杆遮蔽罩

1. 设备装置

图 5-7 电杆遮蔽罩

2. 功能描述

电杆遮蔽罩大多采用 ABS 塑料制成。带电作业时，用于对电杆进行绝缘遮蔽，一般和横担遮蔽罩配合使用。

3. 注意事项

电杆遮蔽罩作为辅助绝缘使用；可与耐张装置遮蔽罩、绝缘毯组合使用，组合使用时，遮蔽用具之间重叠面长度不得小于 15cm。使用前应检查电杆遮蔽罩表面是否有划痕或裂缝，有裂缝则禁止使用。

5.8 绝缘隔板

1. 设备装置

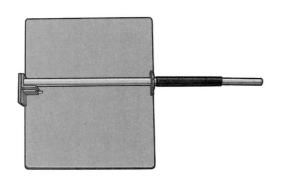

图 5-8 绝缘隔板

2. 功能描述

绝缘隔板大多采用环氧树脂绝缘板制作。带电作业时，主要用于隔离带电部件、限制带电作业人员的活动范围。

3. 注意事项

绝缘隔板作为辅助绝缘使用；安装后应将其可靠固定。使用前应检查绝缘隔板表面是否清洁、干燥，是否有划痕或裂缝，表面脏污或有裂缝则禁止使用。

第 6 章

绝缘遮蔽原则及实施

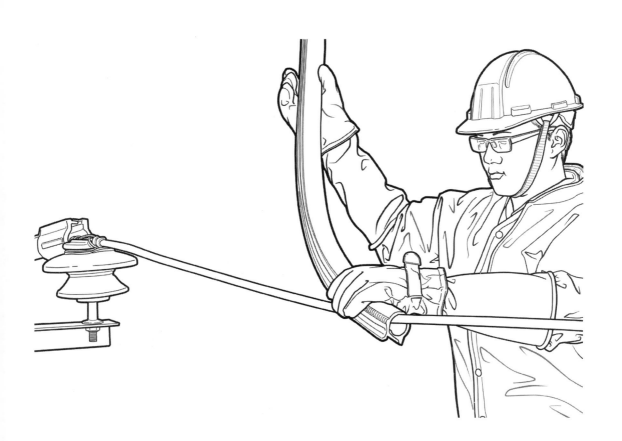

6.1　装设遮蔽原则

1. 设备装置

图 6-1　导线遮蔽罩

图 6-2　绝缘毯

2. 技能点：遮蔽导线与横担

图 6-3　遮蔽导线

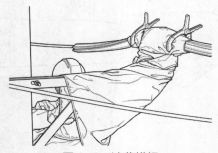

图 6-4　遮蔽横担

【装设遮蔽原则】

（1）采用绝缘杆作业法带电作业时，作业过程中有可能引起不同电位设备之间发生短路或接地故障时，应对设备进行绝缘遮蔽。

（2）采用绝缘手套作业法带电作业时，无论作业人员与接地体和相邻带电体的空气间隙是否满足规定的安全距离，作业前均需对人体可能触及范围内的带电体和接地体进行绝缘遮蔽。

（3）在作业范围窄小、电气设备布置密集处，为保证作业人员对相邻带电体或接地体的有效隔离，在适当位置还应装设绝缘隔板等，限制作业人员的活动范围。

（4）设置绝缘遮蔽时，以作业人员为基准，按照从近到远的原则，从离身体最近的带电体依次设置绝缘遮蔽。

（5）对上下多回分布的带电导线设置遮蔽用具时，应按照从下到上的原则，从下层导线开始依次向上层设置。

（6）对导线、绝缘子、横担的设置次序是按照从带电体到接地体的原则，先放导线遮蔽罩，再放绝缘子遮蔽罩，然后对横担进行遮蔽。遮蔽用具之间重叠面长度不得小于 15cm。

【危险点】

（1）人体距离带电体或接地体安全距离不足，人体触电。

（2）遮蔽用具之间重叠面长度小于 15cm，人体触电。

（3）遮蔽顺序或方法错误，人体串入电路，人体触电。

6.2 拆除遮蔽原则

1. 设备装置

图 6-5 导线遮蔽罩

图 6-6 绝缘毯

2. 技能点：拆除横担与导线遮蔽

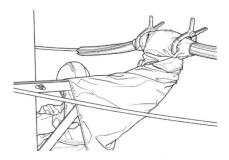

图 6-7 拆除横担遮蔽

图 6-8 拆除导线遮蔽

【拆除遮蔽原则】

（1）拆除遮蔽用具应从带电体下方（绝缘杆作业法）或者侧方（绝缘手套作业法）拆除绝缘遮蔽用具，拆除顺序与设置遮蔽顺序相反。

（2）应按照从远到近的原则，即从离作业人员最远处开始依次向近处拆除，如是拆除上下多回路的绝缘遮蔽用具，应按照从上到下的原则，从上层开始依次向下顺序拆除。

（3）对于导线、绝缘子、横担的遮蔽拆除，应按照先接地体后带电体的原则，先拆横担遮蔽用具（绝缘垫、绝缘毯、遮蔽罩）、再拆绝缘子遮蔽用具、然后拆导线遮蔽用具。

（4）在拆除绝缘遮蔽用具时应注意不使被遮蔽体显著振动，应尽可能轻地拆除。

【危险点】

（1）人体距离带电体或接地体安全距离不足，人体触电。

（2）拆除遮蔽时导线或引线晃动过大，造成单相接地或相间短路。

（3）拆除遮蔽顺序或方法错误，人体串入电路，造成人体触电。

25

第 7 章

遮蔽要求

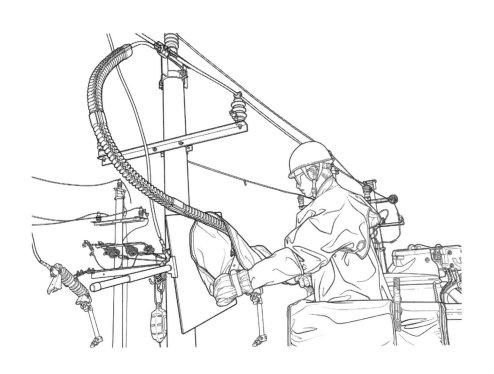

7.1　导线遮蔽要求

1. 设备装置

图 7-1　直线杆

【技能要求】

（1）进行遮蔽时，人体与带电体和接地体的安全距离大于 0.4m。

（2）绝缘子遮蔽罩和导线遮蔽罩重叠面长度不小于 15cm。

（3）绝缘毯与绝缘遮蔽用具配合使用时，重叠面长度不小于 15cm。

【危险点】

（1）绝缘防护用具穿戴不正确，作业时人体直接与带电体或接地体接触，造成人体触电。

（2）安全距离不足，造成相间或相对地短路。

2.技能点：遮蔽过程

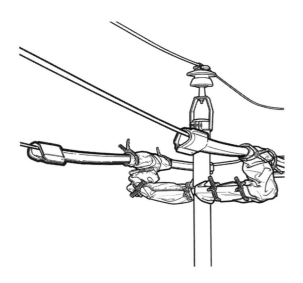

图 7-2　导线遮蔽中

【技能描述】

（1）导线绝缘遮蔽。人员站位至远离横担大于 0.4m 的导线侧，由近及远对导线进行绝缘遮蔽。

（2）针式绝缘子绝缘遮蔽。使用绝缘毯或绝缘罩，按照先带电体后接地体的顺序对针式绝缘子进行绝缘遮蔽，遮蔽用具之间重叠面长度不得小于 15cm。

（3）横担绝缘遮蔽。使用绝缘毯或横担遮蔽罩对横担进行绝缘遮蔽，遮蔽用具之间重叠面长度不得小于 15cm。

【危险点】

（1）人体进入带电导线和横担之间的空间中，安全距离不足，造成相对地短路。

（2）遮蔽用具之间重叠面长度小于 15cm，人体触电。

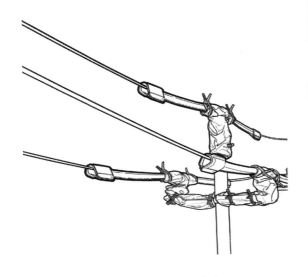

图 7-3　导线遮蔽完成

7.2　引线遮蔽要求

7.2.1　顺线路方向引流线

1. 设备装置

图 7-4　耐张杆

【技能要求】

　　（1）遮蔽时，人员站位与接地体和带电体的安全距离大于 0.4m。

　　（2）遮蔽用具之间重叠面长度不得小于 15cm。

【危险点】

　　（1）绝缘工器具不合格，人体触电。

　　（2）人体串入电路，人体触电。

2. 技能点：遮蔽过程

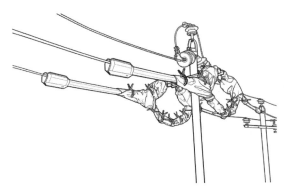

图 7-5　导线遮蔽中

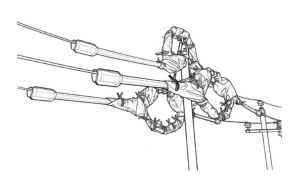

图 7-6　导线遮蔽完成

【技能描述】

（1）横担一侧导线绝缘遮蔽。人员站位至远离横担大于 0.4m 的导线侧，由近及远对导线进行绝缘遮蔽。

（2）横担一侧耐张绝缘子遮蔽。按照先带电体后接地体的顺序，从导线侧向横担侧对耐张绝缘子进行遮蔽，遮蔽用具之间重叠面长度不得小于 15cm。

（3）引流线遮蔽。按照先近后远顺序，从耐张线夹向引流线中点方向对引流线进行遮蔽，遮蔽用具之间重叠面长度不得小于 15cm。

（4）横担另一侧导线、耐张绝缘子和引流线遮蔽。参照上述横担对侧遮蔽方法进行绝缘遮蔽。

（5）横担绝缘遮蔽。使用绝缘毯或遮蔽罩对横担进行绝缘遮蔽，遮蔽用具之间重叠面长度不得小于 15cm。

【危险点】

（1）人体短接耐张绝缘子串，造成相对地短路。

（2）人体进入引流线与横担的空间，安全距离不足，造成相对地短路。

（3）遮蔽用具之间重叠面长度小于 15cm，造成人体触电。

7.2.2　T 接线路引流线

1. 设备装置

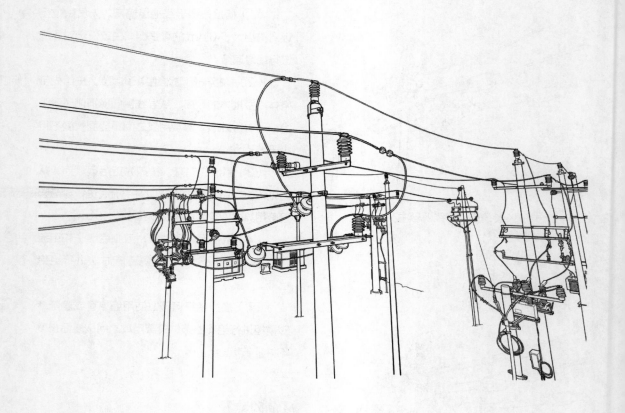

图 7-7　T 接线路

【技能要求】

（1）遮蔽时，人员站位与接地体和带电体的安全距离大于 0.4m。

（2）遮蔽用具之间重叠面长度不得小于 15cm。

【危险点】

（1）绝缘工器具不合格，造成人体触电。

（2）导线晃动剧烈，引流线夹脱落。

2. 技能点：遮蔽过程

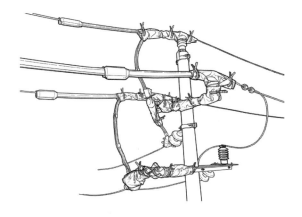

图 7-8　引流线遮蔽中

【技能描述】

（1）分支线路绝缘遮蔽。按照先带电体后接地体，依次对导线—耐张绝缘子—横担进行绝缘遮蔽。

（2）引流线绝缘遮蔽。将引线遮蔽管从下方穿入引流线，依次将遮蔽管推至主导线方向，完成引流线绝缘遮蔽。

（3）主线路绝缘遮蔽。按照先带电体后接地体，依次对导线—耐张绝缘子—横担进行绝缘遮蔽。

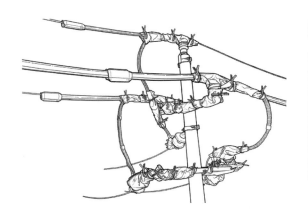

图 7-9　引流线遮蔽完成

【危险点】

（1）人体距离带电体或接地体的安全距离小于 0.4m，造成人体触电。

（2）遮蔽用具之间重叠面长度小于 15cm，人体触电。

（3）引流线晃动幅度过大，造成相间或相对地短路。

7.3　柱上开关遮蔽要求

7.3.1　柱上隔离开关

1. 设备装置

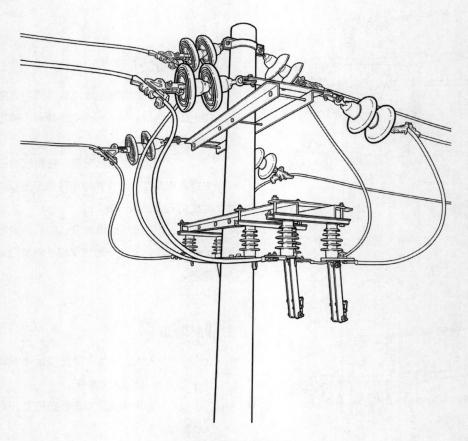

图 7-10　柱上隔离开关

【技能要求】

（1）人体与接地体或带电体的安全距离大于 0.4m。

（2）绝缘遮蔽用具之间重叠面长度大于 15cm。

（3）绝缘遮蔽时，防止隔离开关引流线剧烈晃动。

【危险点】

（1）绝缘工器具不合格，造成人体触电。

（2）安全距离不足，造成人体触电。

（3）引流线剧烈晃动，造成线夹受力断裂，引起相间或相对地短路。

2. 技能点：遮蔽过程

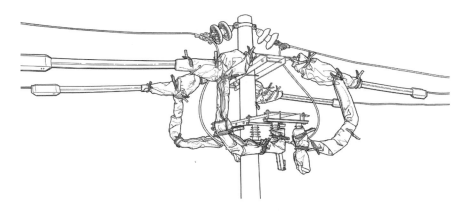

图 7-11 隔离开关遮蔽中

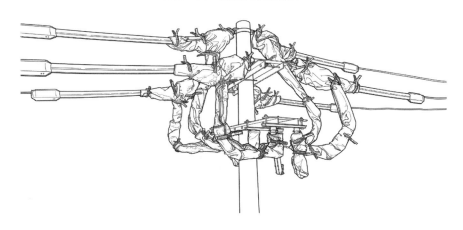

图 7-12 隔离开关遮蔽完成

【技能描述】

（1）主导线遮蔽。人员站位至远离横担大于 0.4m 的导线侧，由近及远对导线、耐张线夹和耐张绝缘子进行绝缘遮蔽。

（2）开关进、出引线遮蔽。从耐张线夹向隔离开关支柱方向对引流线进行绝缘遮蔽。

（3）隔离开关遮蔽。使用绝缘毯（罩）或绝缘隔板对隔离开关进行绝缘遮蔽。

（4）遮蔽顺序。按照先两边相后中间相的原则，依次对三相进行引线遮蔽。

【危险点】

（1）人体距离带电体或接地体的安全距离小于 0.4m，造成人体触电。

（2）遮蔽用具之间重叠面长度小于 15cm，造成人体触电。

（3）人体进入隔离开关和横担之间，造成单相接地。

（4）人体进入相间活动，绝缘遮蔽不严，造成相间或相对地短路。

7.3.2 柱上变压器

1. 设备装置

图 7-13 柱上变压器

【技能要求】

（1）人体与接地体和带电体的安全距离大于 0.4m。

（2）绝缘遮蔽时，防止跌落式熔断器引流线剧烈晃动。

【危险点】

（1）绝缘工器具不合格，造成人体触电。

（2）引流线剧烈晃动，引起相间或相对地短路。

2. 技能点：遮蔽过程

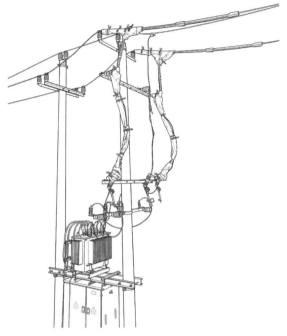

图 7-14 引线遮蔽中

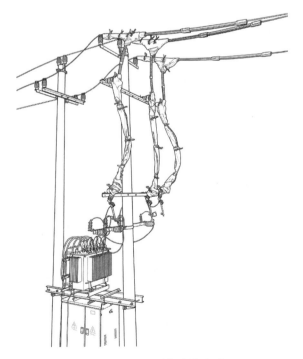

图 7-15 引线遮蔽完成

【技能描述】

（1）主导线遮蔽。人员站位至远离横担大于 0.4m 的导线侧，由近及远对导线和接引线夹进行绝缘遮蔽。

（2）引流线遮蔽。按照从上到下的顺序，使用绝缘毯或遮蔽罩对引流线进行遮蔽。

（3）跌落式熔断器遮蔽。使用绝缘毯或遮蔽罩对跌落式熔断器上桩头进行绝缘遮蔽。

（4）遮蔽顺序。按照先两边相后中间相的顺序，依次对三相导线、引流线和跌落式熔断器进行绝缘遮蔽。

【危险点】

（1）人体距离带电体或接地体的安全距离小于 0.4m，造成人体触电。

（2）遮蔽用具之间重叠面长度小于 15cm，造成人体触电。

（3）引流线剧烈晃动，造成相间或相对地短路。

7.4 避雷器遮蔽要求

7.4.1 无间隙避雷器

1. 设备装置

图 7-16 绝缘锁杆

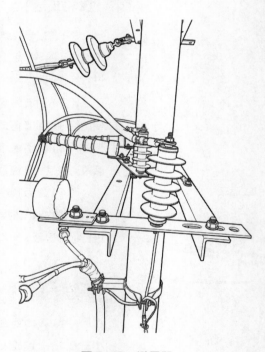

图 7-17 避雷器

【技能要求】

（1）遮蔽时作业人员正确穿戴个人绝缘防护用具。

（2）人体与带电体和接地体的安全距离大于 0.4m。

（3）绝缘杆有效绝缘长度大于 0.7m。

（4）避雷器绝缘遮蔽罩使用过程中，不得撞击电杆或横担。

【危险点】

（1）绝缘防护用具穿戴不正确，作业时人体直接与带电体或接地体接触，造成人体触电。

（2）各种安全距离不足，造成相间或相对地短路。

（3）各种撞击损坏电力设备装置和工器具。

2.技能点：遮蔽过程

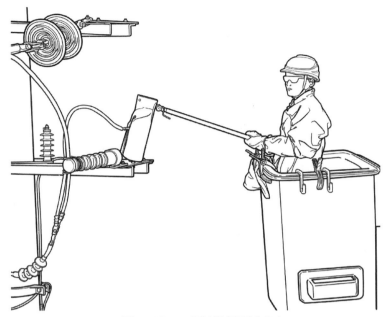

图 7-18　无间隙避雷器遮蔽中

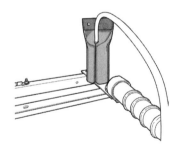

图 7-19　无间隙避雷器遮蔽后

【技能描述】

（1）作业人员选择合适的作业位置。斗内作业人员移动至导线外侧，人体与带电体和接地体安全距离大于 0.4m，操作杆的有效绝缘长度大于 0.7m，绝缘臂有效绝缘长度大于 1m。

（2）遮蔽无间隙避雷器。作业人员用专用锁杆锁住避雷器遮蔽罩，选择好遮蔽罩正确的开口朝向，对避雷器进行绝缘遮蔽。

【危险点】

（1）作业过程中人体站位不当，操作杆的有效绝缘长度小于 0.7m，人体与带电体或接地体之间的安全距离不足导致触电。

（2）作业过程中操作不当，工器具、材料掉落，伤及地面人员。

7.4.2　防雷绝缘穿刺放电线夹

1. 设备装置

图 7-20　绝缘毯

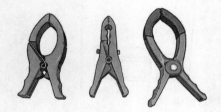

图 7-21　绝缘毯夹

【技能要求】

（1）遮蔽时作业人员正确穿戴个人绝缘防护用具。

（2）遮蔽时人体与未遮蔽的不同电位的距离大于规定的安全距离（相与相 0.6m，相与地 0.4m）。

（3）绝缘臂有效绝缘长度大于 1m。

（4）绝缘毯之间重叠面长度大于 15cm。

（5）先遮带电体再遮接地体。

【危险点】

（1）绝缘防护用具穿戴不正确，作业时人体直接与带电体或接地体接触，造成人体触电。

（2）各种安全距离不足，造成相间或相对地短路。

（3）绝缘毯之间重叠面长度不够造成相间或相对地爬电。

（4）遮蔽顺序错误，造成相对地短路。

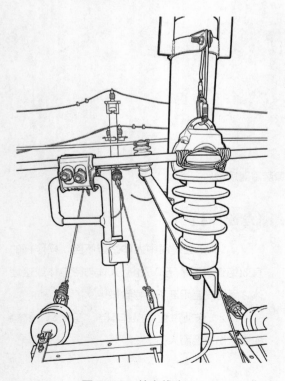

图 7-22　放电线夹

2. 技能点：遮蔽过程

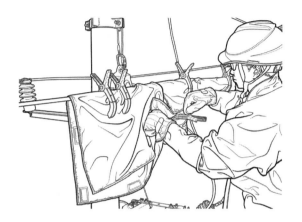

图 7-23 放电线夹和关联瓷瓶遮蔽中

【技能描述】

（1）作业人员选择合适的作业位置。斗内作业人员移动至导线外侧，人体与接地体距离大于 0.4m，与异相带电体距离大于 0.6m，绝缘臂有效绝缘长度大于 1m。

（2）遮蔽放电线夹和关联瓷瓶。斗内作业人员按照先带电体后接地体对放电线夹进行绝缘遮蔽。具体步骤为先放电线夹，后瓷瓶上部导线，最后为瓷瓶下部。

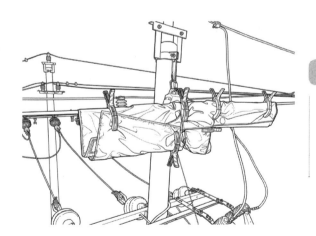

图 7-24 放电线夹和关联瓷瓶遮蔽后

【危险点】

（1）作业过程中人体与不同电位体之间的安全距离不足、遮蔽不严，导致触电。

（2）作业过程中操作不当，工器具、材料掉落，伤及地面人员。

7.4.3　故障指示型复合柱式防雷绝缘子

1. 设备装置

图 7-25　绝缘毯

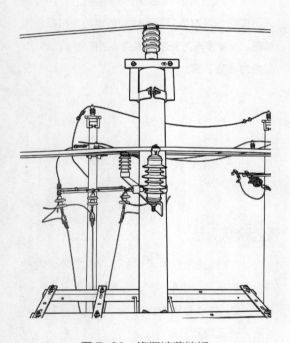

图 7-26　瓷瓶遮蔽挡板

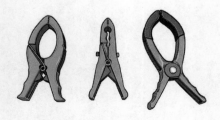

图 7-27　绝缘毯夹

【技能要求】

（1）遮蔽时作业人员正确穿戴个人绝缘防护用具。

（2）遮蔽时人体与未遮蔽的不同电位的距离大于规定的安全距离（相与相 0.6m，相与地 0.4m）。

（3）绝缘臂有效绝缘长度大于 1m。

（4）挡板遮蔽罩使用过程中，不得撞击电杆、绝缘子或横担。

【危险点】

（1）绝缘防护用具穿戴不正确，作业时人体直接与带电体或接地体接触，造成人体触电。

（2）各种安全距离不足，造成相间或相对地短路。

（3）各种撞击损坏电力设备装置和工器具。

2. 技能点：遮蔽过程

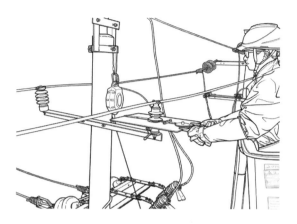

图 7-28　防雷绝缘子遮蔽中

【技能描述】

（1）斗内作业人员先用专用挡板夹住防雷绝缘子把接地体与带电体明显隔离开。

（2）用绝缘毯对防雷绝缘子带电部分（上部）进行绝缘遮蔽。

（3）用绝缘毯对防雷绝缘子接地体部分（下部）进行绝缘遮蔽。

【危险点】

（1）作业过程中人体与不同电位体之间的安全距离不足、遮蔽不严，导致触电。

（2）作业过程中操作不当，工器具、材料掉落，伤及地面人员。

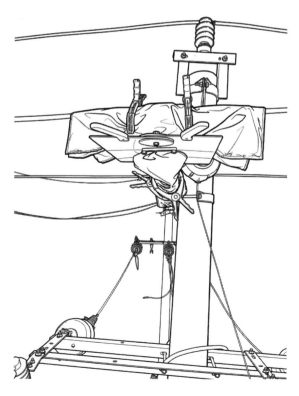

图 7-29　防雷绝缘子遮蔽后

7.5　跌落式熔断器的遮蔽要求

1. 设备装置

图 7-30　绝缘锁杆

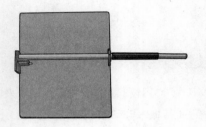

图 7-31　绝缘挡板

图 7-32　绝缘毯

图 7-33　绝缘跳线管

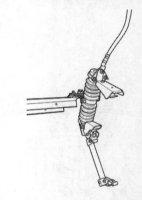

图 7-34　熔断器

【技能要求】

（1）遮蔽时作业人员正确穿戴个人绝缘防护用具。

（2）遮蔽时人体与未遮蔽的不同电位的距离大于规定的安全距离（相与相 0.6m，相与地 0.4m）。

（3）绝缘臂有效绝缘长度大于 1m。

（4）绝缘遮蔽之间重叠面长度大于 15cm。

（5）先遮带电体再遮接地体。

（6）挡板遮蔽罩使用过程中，不得撞击电杆、绝缘子或横担。

【危险点】

（1）绝缘防护用具穿戴不正确，作业时人体直接与带电体或接地体接触，造成人体触电。

（2）各种安全距离不足，造成相间或相对地短路。

（3）绝缘遮蔽之间重叠面长度不够造成相间或相对地爬电。

（4）遮蔽顺序错误，造成相对地短路。

（5）各种撞击损坏电力设备装置和工器具。

2. 技能点：遮蔽过程

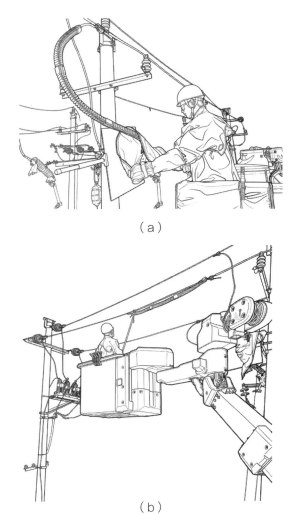

（a）

（b）

图 7-35　跌落式熔断器遮蔽中

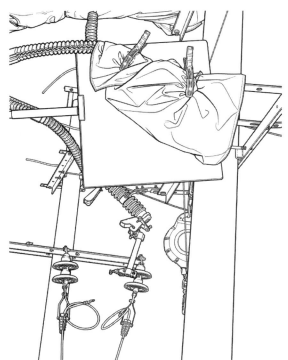

图 7-36　跌落式熔断器遮蔽后

【技能描述】

（1）斗内作业人员先用专用的绝缘挡板把相邻的熔断器隔开。

（2）用绝缘跳线管对跌落式熔断器上引线进行绝缘遮蔽。

（3）用绝缘毯对跌落式熔断器上桩头及熔断器本体进行绝缘遮蔽，并留出下桩头。

（4）用绝缘毯对熔断器联铁及横担进行绝缘遮蔽。

【注意事项】

（1）站位距离导线小于 0.4m 使导线间组合安全距离降低，人体穿入两相导线及相地间导致放电。

（2）作业人员动作幅度要小，确保引线不会大幅度晃动，防止相间短路。

（3）跳线管相互重叠处大、小口重叠紧密，朝向一致，不准有开口。

（4）作业人员在遮蔽时站位不要胸口正对熔断器上桩头，防止通过人体造成相间或相对地短路。

（5）遮蔽时绝缘毯与跳线管及绝缘毯与绝缘毯间重叠距离大于 15cm。

7.6 电杆及横担遮蔽要求

7.6.1 直线杆及横担

1. 设备装置

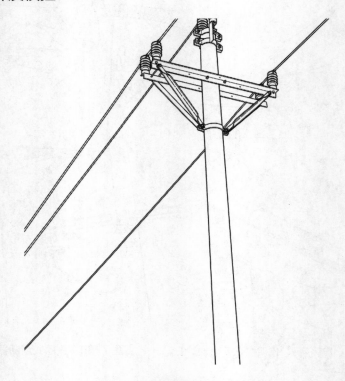

图 7-37 直线杆及横担

【技能要求】

（1）遮蔽时作业人员正确穿戴个人绝缘防护用具。

（2）遮蔽时人体与未遮蔽的不同电位物体的距离应不小于规定的安全距离（相间 0.6m，相地 0.4m）。

（3）绝缘斗臂车绝缘臂有效绝缘长度大于 1m。

（4）绝缘遮蔽之间重叠面长度不小于15cm。

（5）遮蔽时应按照由近到远的顺序依次设置。

【危险点】

（1）绝缘防护用具穿戴不正确，作业时人体直接与带电体或接地体接触，造成人体触电。

（2）各种安全距离不足，造成相间或相对地短路。

（3）绝缘遮蔽之间重叠面长度不够造成相间或相对地爬电。

（4）遮蔽顺序错误，造成相对地短路。

（5）各种撞击损坏电力设备装置和工器具。

2.技能点：遮蔽过程

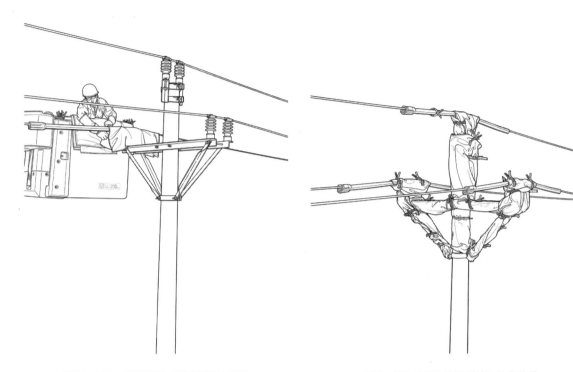

图 7-38 直线杆及横担遮蔽过程图   图 7-39 直线杆及横担完成遮蔽

【技能描述】

（1）安装导线遮蔽罩。

（2）使用绝缘毯遮蔽针式绝缘子。

（3）按上述原则遮蔽中相带电导线及针式绝缘子。

（4）使用绝缘毯遮蔽杆身和横担。

【危险点】

（1）作业过程中，人体触碰带电体时与接地体安全距离不足或遮蔽不严，造成人体触电。

（2）作业过程中操作不当，工器具掉落，伤及地面人员。

7.6.2 耐张杆及横担

1. 设备装置

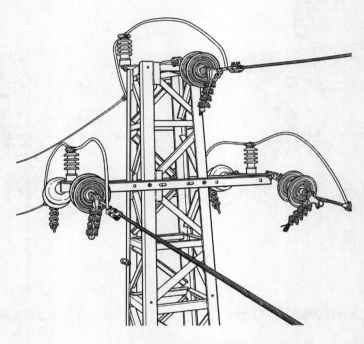

图 7-40 耐张杆及横担

【技能要求】

（1）遮蔽时作业人员正确穿戴个人绝缘防护用具。

（2）遮蔽时人体与未遮蔽的不同电位物体的距离应不小于规定的安全距离（相间 0.6m，相地 0.4m）。

（3）绝缘斗臂车绝缘臂有效绝缘长度大于 1m。

（4）绝缘遮蔽之间重叠面长度不小于 15cm。

（5）遮蔽时应按照由近到远的顺序依次设置。

【危险点】

（1）绝缘防护用具穿戴不正确，作业时人体直接与带电体或接地体接触，造成人体触电。

（2）各种安全距离不足，造成相间或相对地短路。

（3）绝缘遮蔽之间重叠面长度不够造成相间或相对地爬电。

（4）遮蔽顺序错误，造成相对地短路。

（5）各种撞击损坏电力设备装置和工器具。

2.技能点：遮蔽过程

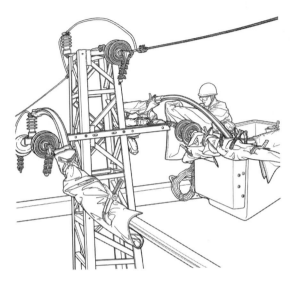

图 7-41　耐张杆及横担遮蔽过程

【技能描述】

（1）使用导线遮蔽罩遮蔽带电导线。

（2）使用导线遮蔽罩遮蔽耐张引流线。

（3）使用绝缘毯遮蔽耐张绝缘子。

（4）按上述原则遮蔽中相带电导线、耐张绝缘子、耐张引流线。

（5）使用绝缘毯遮蔽杆身和横担。

【危险点】

（1）作业过程中，人体触碰带电体时与接地体安全距离不足或遮蔽不严，造成人体触电。

（2）作业过程中操作不当，工器具掉落，伤及地面人员。

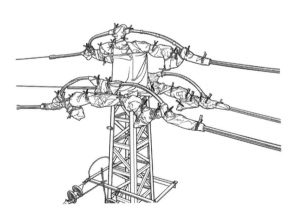

图 7-42　耐张杆及横担完成遮蔽

7.6.3　转角杆及横担

1. 设备装置

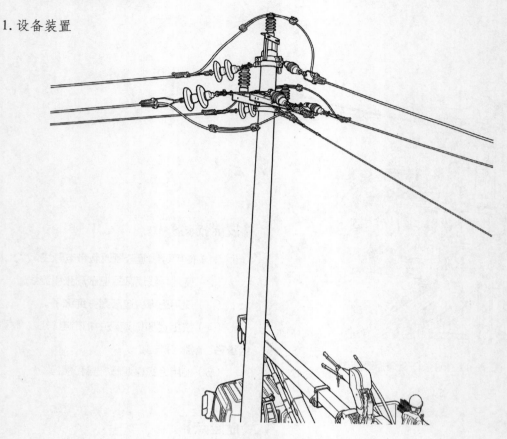

图 7-43　转角杆及横担

【技能要求】

（1）遮蔽时作业人员正确穿戴个人绝缘防护用具。

（2）遮蔽时人体与未遮蔽的不同电位物体的距离应不小于规定的安全距离（相间 0.6m，相地 0.4m）。

（3）绝缘斗臂车绝缘臂有效绝缘长度大于 1m。

（4）绝缘遮蔽之间重叠面长度不小于 15cm。

（5）遮蔽时应按照由近到远的顺序依次设置。

【危险点】

（1）绝缘防护用具穿戴不正确，作业时人体直接与带电体或接地体接触，造成人体触电。

（2）各种安全距离不足，造成相间或相对地短路。

（3）绝缘遮蔽之间重叠面长度不够造成相间或相对地爬电。

（4）遮蔽顺序错误，造成相对地短路。

（5）各种撞击损坏电力设备装置和工器具。

2. 技能点：遮蔽过程

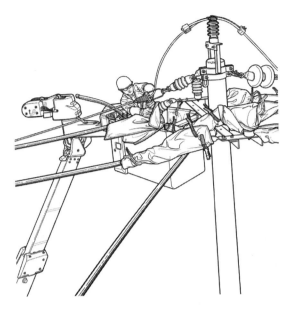

图 7-44　转角杆及横担遮蔽过程

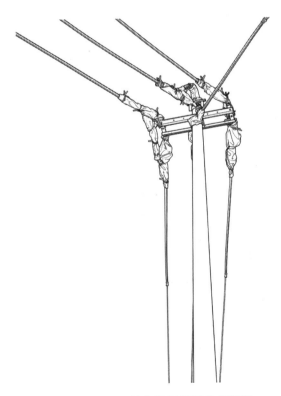

图 7-45　转角杆及横担完成遮蔽

【技能描述】

（1）使用导线遮蔽罩遮蔽带电导线。

（2）使用导线遮蔽罩遮蔽耐张引流线。

（3）使用绝缘毯遮蔽耐张绝缘子。

（4）按上述原则对外角侧边相两侧带电导线、耐张绝缘子、耐张引流线及拉线进行绝缘遮蔽。

（5）遮蔽中相带电导线、耐张绝缘子、耐张引流线。

（6）使用绝缘毯遮蔽杆身和横担。

【危险点】

（1）作业过程中，人体触碰带电体时与接地体安全距离不足或遮蔽不严，造成人体触电。

（2）作业过程中操作不当，工器具掉落，伤及地面人员。

7.6.4 终端杆及横担

1. 设备装置

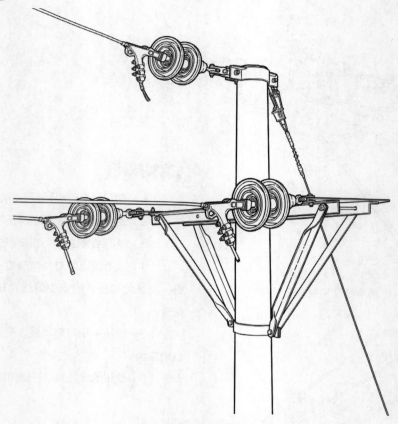

图 7-46 终端杆及横担

【技能要求】

（1）遮蔽时作业人员正确穿戴个人绝缘防护用具。

（2）遮蔽时人体与未遮蔽的不同电位物体的距离应不小于规定的安全距离（相间 0.6m，相地 0.4m）。

（3）绝缘斗臂车绝缘臂有效绝缘长度大于 1m。

（4）绝缘遮蔽之间重叠面长度不小于 15cm。

（5）遮蔽时应按照由近到远的顺序依次设置。

【危险点】

（1）绝缘防护用具穿戴不正确，作业时人体直接与带电体或接地体接触，造成人体触电。

（2）各种安全距离不足，造成相间或相对地短路。

（3）绝缘遮蔽之间重叠面长度不够造成相间或相对地爬电。

（4）遮蔽顺序错误，造成相对地短路。

（5）各种撞击损坏电力设备装置和工器具。

2.技能点：遮蔽过程

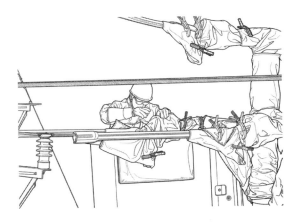

图7-47 终端杆及横担遮蔽过程

【技能描述】

（1）使用导线遮蔽罩遮蔽带电导线。

（2）使用绝缘毯遮蔽耐张绝缘子。

（3）按上述原则遮蔽中相带电导线、耐张绝缘子。

（4）使用绝缘毯遮蔽杆身和横担。

【危险点】

（1）作业过程中，人体触碰带电体时与接地体安全距离不足或遮蔽不严，造成人体触电。

（2）作业过程中操作不当，工器具掉落，伤及地面人员。

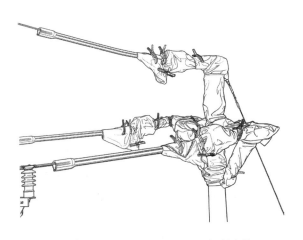

图7-48 终端杆及横担完成遮蔽

7.6.5 分支杆及横担

1. 设备装置

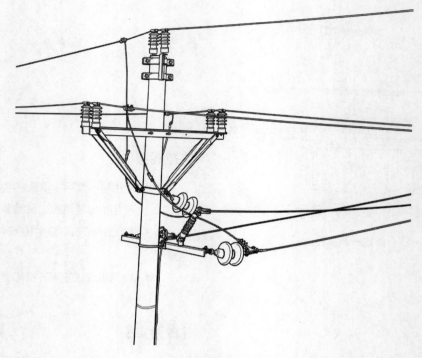

图 7-49 分支杆及横担

【技能要求】

（1）遮蔽时作业人员正确穿戴个人绝缘防护用具。

（2）遮蔽时人体与未遮蔽的不同电位物体的距离应不小于规定的安全距离（相间 0.6m，相地 0.4m）。

（3）绝缘斗臂车绝缘臂有效绝缘长度大于 1m。

（4）绝缘遮蔽之间重叠面长度不小于15cm。

（5）遮蔽时应按照由近到远的顺序依次设置。

【危险点】

（1）绝缘防护用具穿戴不正确，作业时人体直接与带电体或接地体接触，造成人体触电。

（2）各种安全距离不足，造成相间或相对地短路。

（3）绝缘遮蔽之间重叠面长度不够造成相间或相对地爬电。

（4）遮蔽顺序错误，造成相对地短路。

（5）各种撞击损坏电力设备装置和工器具。

2. 技能点：遮蔽过程

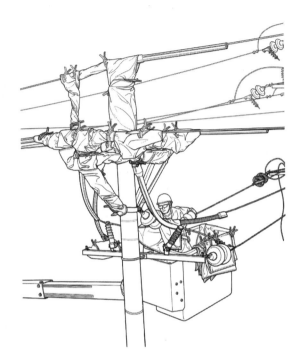

图 7-50 分支杆及横担遮蔽过程

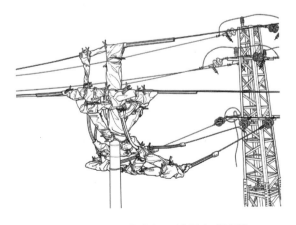

图 7-51 分支杆及横担完成遮蔽

【技能描述】

（1）安装导线遮蔽罩。

（2）使用绝缘毯遮蔽针式绝缘子。

（3）遮蔽主干线中相带电导线及针式绝缘子。

（4）使用绝缘毯遮蔽杆身和横担。

【危险点】

（1）作业过程中，人体触碰带电体时与接地体安全距离不足或遮蔽不严，造成人体触电。

（2）作业过程中操作不当，工器具掉落，伤及地面人员。

7.6.6　电杆拉线

1. 设备装置

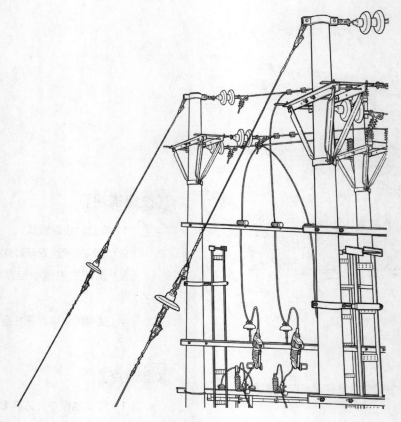

图 7-52　电杆拉线

【技能要求】

（1）遮蔽时作业人员正确穿戴个人绝缘防护用具。

（2）遮蔽时人体与未遮蔽的带电体和接地体的安全距离应不小于 0.4m。

（3）绝缘斗臂车绝缘臂有效绝缘长度大于 1m。

（4）绝缘遮蔽之间重叠面长度不小于15cm。

（5）遮蔽时应按照由近到远的顺序依次设置。

【危险点】

（1）绝缘防护用具穿戴不正确，作业时人体直接与带电体或接地体接触，造成人体触电。

（2）各种安全距离不足，造成相间或相对地短路。

（3）绝缘遮蔽之间重叠面长度不够造成相间或相对地爬电。

（4）遮蔽顺序错误，造成相对地短路。

（5）各种撞击损坏电力设备装置和工器具。

2. 技能点：遮蔽过程

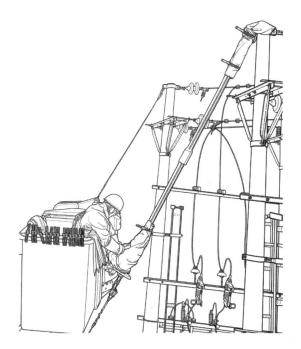

图 7-53 电杆拉线遮蔽过程

【技能描述】

使用导线遮蔽罩和绝缘毯遮蔽拉线。

【危险点】

（1）作业过程中，人体与带电体或接地体的安全距离不足，造成人体触电。

（2）作业过程中操作不当，工器具掉落，伤及地面人员。

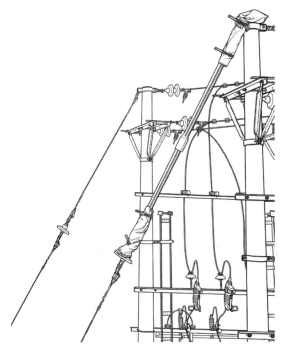

图 7-54 电杆拉线完成遮蔽

7.7　绝缘子遮蔽要求

7.7.1　针式绝缘子

1. 设备装置

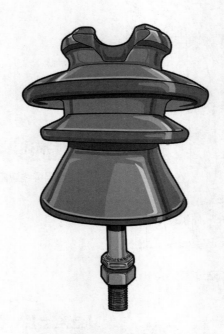

图 7-55　针式绝缘子

【技能要求】

（1）遮蔽时作业人员正确穿戴个人绝缘防护用具。

（2）遮蔽时人体与未遮蔽的不同电位物体的距离应不小于规定的安全距离（相间 0.6m，相地 0.4m）。

（3）绝缘斗臂车绝缘臂有效绝缘长度大于 1m。

（4）绝缘遮蔽应严密，无明显孔洞，重叠面长度不小于 15cm。

（5）遮蔽时应按照由近到远的顺序依次设置。

【危险点】

（1）绝缘防护用具穿戴不正确，作业时人体直接与带电体或接地体接触，造成人体触电。

（2）各种安全距离不足，造成相间或相对地短路。

（3）绝缘遮蔽之间重叠面长度不满足要求或遮蔽不严密造成相间或相对地沿面放电形成短路。

（4）遮蔽顺序错误，未先对绝缘子周围可能触碰的带电体或接地体进行可靠绝缘遮蔽再对绝缘子进行遮蔽。

（5）各种撞击损坏电力设备装置和工器具。

2. 技能点：遮蔽过程

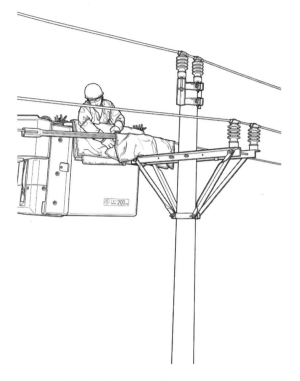

图 7-56　针式绝缘子遮蔽过程

【技能描述】

（1）作业前均应对人体可能触及范围内的带电体和接地体进行可靠绝缘遮蔽。

（2）设置绝缘遮蔽时，应按照从近到远的原则，从离身体最近的物体依次设置；对导线、绝缘子、横担的设置次序应按照从带电体到接地体的原则，先放导线遮蔽用具，再放绝缘子遮蔽用具。

（3）对绝缘子进行遮蔽时，应避免人为短接绝缘子有效绝缘长度，使用绝缘毯遮蔽绝缘子时应及时使用绝缘毯夹对绝缘毯进行固定，以防止绝缘毯掉落。

（4）绝缘斗臂车操作应缓慢平稳。

【危险点】

（1）作业过程中人体与带电体或接地体之间的安全距离不足、遮蔽不严或遮蔽顺序错误，造成人体触电。

（2）作业过程中人体同时接触不等电位物体造成人体触电。

（3）作业过程中操作不当，工器具材料掉落，伤及地面人员。

（4）绝缘斗臂车操作速度过快，与周围电杆、横担等物体碰撞。

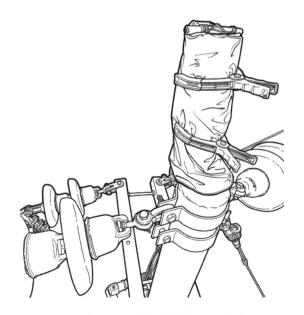

图 7-57　针式绝缘子遮蔽完成

7.7.2　柱式绝缘子

1. 设备装置

图 7-58　柱式绝缘子

【技能要求】

（1）遮蔽时作业人员正确穿戴个人绝缘防护用具。

（2）遮蔽时人体与未遮蔽的不同电位物体的距离应不小于规定的安全距离（相间 0.6m，相地 0.4m）。

（3）绝缘斗臂车绝缘臂有效绝缘长度大于 1m。

（4）绝缘遮蔽应严密，无明显孔洞，重叠面长度不小于 15cm。

（5）遮蔽时应按照由近到远的顺序依次设置。

【危险点】

（1）绝缘防护用具穿戴不正确，作业时人体直接与带电体或接地体接触，造成人体触电。

（2）各种安全距离不足，造成相间或相对地短路。

（3）绝缘遮蔽之间重叠面长度不满足要求或遮蔽不严密造成相间或相对地沿面放电形成短路。

（4）遮蔽顺序错误，应先对绝缘子周围可能触碰的带电体或接地体进行可靠绝缘遮蔽再对绝缘子进行遮蔽。

（5）各种撞击损坏电力设备装置和工器具。

2.技能点：遮蔽过程

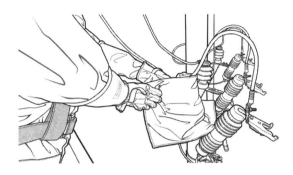

图 7-59　柱式绝缘子遮蔽过程

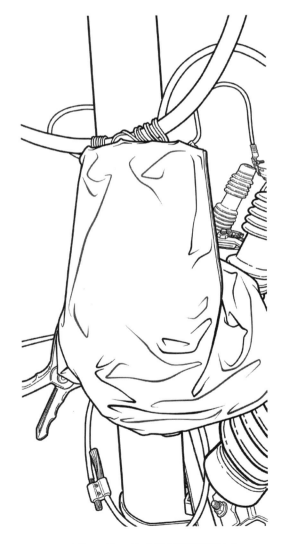

图 7-60　柱式绝缘子遮蔽完成

【技能描述】

（1）作业前均应对人体可能触及范围内的带电体和接地体进行可靠绝缘遮蔽。

（2）设置绝缘遮蔽时，应按照从近到远的原则，从离身体最近的物体依次设置；对导线、绝缘子、横担的设置次序应按照从带电体到接地体的原则，先放导线遮蔽用具，再放绝缘子遮蔽用具。

（3）对绝缘子进行遮蔽时，应避免人为短接绝缘子有效绝缘长度，使用绝缘毯遮蔽绝缘子时应及时使用绝缘毯夹对绝缘毯进行固定，以防止绝缘毯掉落。

（4）绝缘斗臂车操作应缓慢平稳。

【危险点】

（1）作业过程中人体与带电体或接地体之间的安全距离不足、遮蔽不严或遮蔽顺序错误，造成人体触电。

（2）作业过程中人体同时接触不等电位物体造成人体触电。

（3）作业过程中操作不当，工器具材料掉落，伤及地面人员。

（4）绝缘斗臂车操作速度过快，与周围电杆、横担等物体碰撞。

7.7.3　悬式绝缘子

1. 设备装置

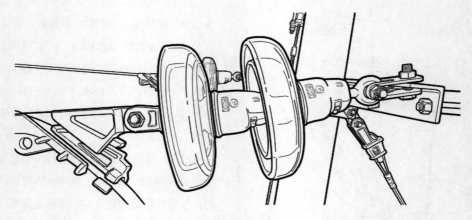

图 7-61　悬式绝缘子

【技能要求】

（1）遮蔽时作业人员正确穿戴个人绝缘防护用具。

（2）遮蔽时人体与未遮蔽的不同电位物体的距离应不小于规定的安全距离（相间 0.6m，相地 0.4m）。

（3）绝缘斗臂车绝缘臂有效绝缘长度大于 1m。

（4）绝缘遮蔽应严密，无明显孔洞，重叠面长度不小于 15cm。

（5）遮蔽时应按照由近到远的顺序依次设置，应先对绝缘子周围可能触碰的带电体和接地体进行可靠绝缘遮蔽再对绝缘子进行遮蔽。

【危险点】

（1）绝缘防护用具穿戴不正确，作业时人体直接与带电体或接地体接触，造成人体触电。

（2）各种安全距离不足，造成相间或相对地短路。

（3）绝缘遮蔽之间重叠面长度不满足要求或遮蔽不严密造成相间或相对地沿面放电形成短路。

（4）遮蔽顺序错误，将造成相间或相对地距离不足，造成人体触电。

（5）各种撞击损坏电力设备装置和工器具。

2.技能点：遮蔽过程

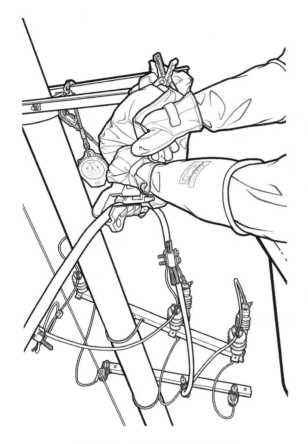

图 7-62 悬式绝缘子遮蔽过程

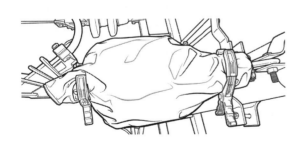

图 7-63 悬式绝缘子遮蔽完成

【技能描述】

（1）作业前均应对人体可能触及范围内的带电体和接地体进行可靠绝缘遮蔽。

（2）设置绝缘遮蔽时，应按照从近到远的原则，从离身体最近的物体依次设置；对导线、绝缘子、横担的设置次序应按照从带电体到接地体的原则，先放导线遮蔽用具，再放绝缘子遮蔽用具。

（3）对绝缘子进行遮蔽时，应避免人为短接绝缘子片，使用绝缘毯遮蔽绝缘子时应及时使用绝缘毯夹对绝缘毯进行固定，以防止绝缘毯掉落。

（4）绝缘斗臂车操作应缓慢平稳。

【危险点】

（1）作业过程中人体与带电体或接地体之间的安全距离不足、遮蔽不严或遮蔽顺序错误，造成人体触电。

（2）作业过程中人体同时接触不等电位物体造成人体触电。

（3）作业过程中操作不当，工器具材料掉落，伤及地面人员。

（4）绝缘斗臂车操作速度过快，与周围电杆、横担等物体碰撞。

7.7.4 棒式绝缘子

1.设备装置

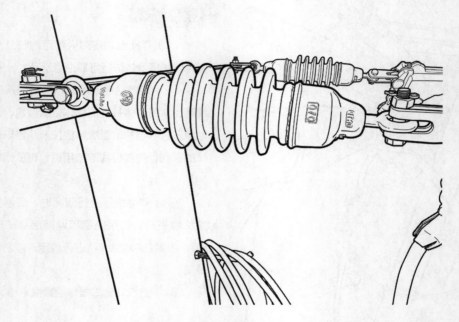

图 7-64 棒式绝缘子

【技能要求】

（1）遮蔽时作业人员正确穿戴个人绝缘防护用具。

（2）遮蔽时人体与未遮蔽的不同电位物体的距离应不小于规定的安全距离（相间 0.6m，相地 0.4m）。

（3）绝缘斗臂车绝缘臂有效绝缘长度大于 1m。

（4）绝缘遮蔽应严密，无明显孔洞，重叠面长度不小于 15cm。

（5）遮蔽时应按照由近到远的顺序依次设置。

【危险点】

（1）绝缘防护用具穿戴不正确，作业时人体直接与带电体或接地体接触，造成人体触电。

（2）各种安全距离不足，造成相间或相对地短路。

（3）绝缘遮蔽之间重叠面长度不满足要求或遮蔽不严密造成相间或相对地沿面放电形成短路。

（4）遮蔽顺序错误，应先对绝缘子周围可能触碰的带电体或接地体进行可靠绝缘遮蔽，再对绝缘子进行遮蔽。

（5）各种撞击损坏电力设备装置和工器具。

2.技能点：遮蔽过程

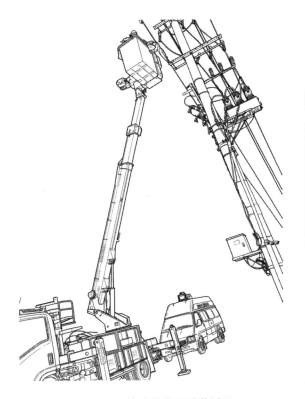

图 7-65　棒式绝缘子遮蔽过程

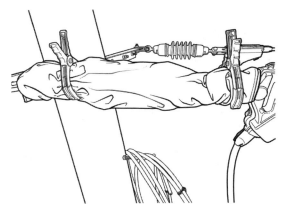

图 7-66　棒式绝缘子遮蔽完成

【技能描述】

（1）作业前均应对人体可能触及范围内的带电体和接地体进行可靠绝缘遮蔽。

（2）设置绝缘遮蔽时，应按照从近到远的原则，从离身体最近的物体依次设置；对导线、绝缘子、横担的设置次序应按照从带电体到接地体的原则，先放导线遮蔽用具，再放绝缘子遮蔽用具。

（3）对绝缘子进行遮蔽时，应避免人为短接绝缘子有效绝缘长度，使用绝缘毯遮蔽绝缘子时应及时使用绝缘毯夹对绝缘毯进行固定，以防止绝缘毯掉落。

（4）绝缘斗臂车操作应缓慢平稳。

【危险点】

（1）作业过程中人体与带电体或接地体之间的安全距离不足、遮蔽不严或遮蔽顺序错误，造成人体触电。

（2）作业过程中人体同时接触不等电位物体造成人体触电。

（3）作业过程中操作不当，工器具材料掉落，伤及地面人员。

（4）绝缘斗臂车操作速度过快，与周围电杆、横担等物体碰撞。

7.7.5 瓷横担绝缘子

1. 设备装置

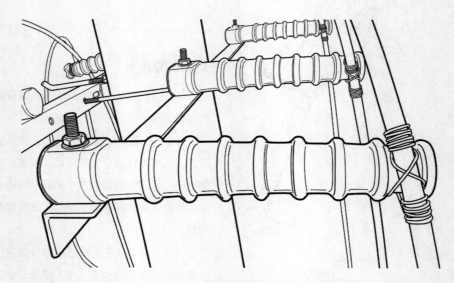

图 7-67 瓷横担绝缘子

【技能要求】

（1）遮蔽时作业人员正确穿戴个人绝缘防护用具。

（2）遮蔽时人体与未遮蔽的不同电位物体的距离应不小于规定的安全距离（相间 0.6m，相地 0.4m）。

（3）绝缘斗臂车绝缘臂有效绝缘长度大于 1m。

（4）绝缘遮蔽应严密，无明显孔洞，重叠面长度不小于 15cm。

（5）遮蔽时应按照由近到远的顺序依次设置。

【危险点】

（1）绝缘防护用具穿戴不正确，作业时人体直接与带电体或接地体接触，造成人体触电。

（2）各种安全距离不足，造成相间或相对地短路。

（3）绝缘遮蔽之间重叠面长度不满足要求或遮蔽不严密造成相间或相对地沿面放电形成短路。

（4）遮蔽顺序错误，应先对绝缘子周围可能触碰的带电体或接地体进行可靠绝缘遮蔽再对绝缘子进行遮蔽。

（5）各种撞击损坏电力设备装置和工器具。

2.技能点：遮蔽过程

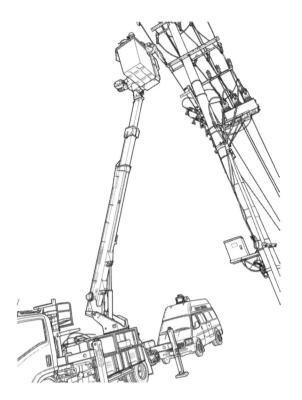

图 7-68　瓷横担绝缘子遮蔽过程

【技能描述】

（1）作业前均应对人体可能触及范围内的带电体和接地体进行可靠绝缘遮蔽。

（2）设置绝缘遮蔽时，应按照从近到远的原则，从离身体最近的物体依次设置；对导线、绝缘子、横担的设置次序应按照从带电体到接地体的原则，先放导线遮蔽用具，再放绝缘子遮蔽用具。

（3）对绝缘子进行遮蔽时，应避免人为短接绝缘子有效绝缘长度，使用绝缘毯遮蔽绝缘子时应及时使用绝缘毯夹对绝缘毯进行固定，以防止绝缘毯掉落。

（4）绝缘斗臂车操作应缓慢平稳。

【危险点】

（1）作业过程中人体与带电体或接地体之间的安全距离不足、遮蔽不严或遮蔽顺序错误，造成人体触电。

（2）作业过程中人体同时接触不等电位物体造成人体触电。

（3）作业过程中操作不当，工器具材料掉落，伤及地面人员。

（4）绝缘斗臂车操作速度过快，与周围电杆、横担等物体碰撞。

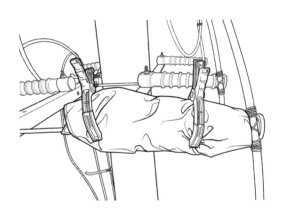

图 7-69　瓷横担绝缘子遮蔽完成

7.7.6 支持绝缘子避雷器

1. 设备装置

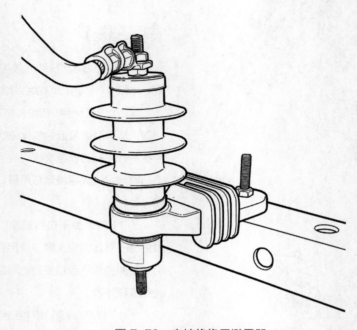

图 7-70 支持绝缘子避雷器

【技能要求】

（1）遮蔽时作业人员正确穿戴个人绝缘防护用具。

（2）遮蔽时人体与未遮蔽的不同电位物体的距离应不小于规定的安全距离（相间 0.6m，相地 0.4m）。

（3）绝缘斗臂车绝缘臂有效绝缘长度大于 1m。

（4）绝缘遮蔽应严密，无明显孔洞，重叠面长度不小于 15cm。

（5）遮蔽时应按照由近到远的顺序依次设置。

【危险点】

（1）绝缘防护用具穿戴不正确，作业时人体直接与带电体或接地体接触，造成人体触电。

（2）各种安全距离不足，造成相间或相对地短路。

（3）绝缘遮蔽重叠面长度不满足要求或遮蔽不严密造成相间或相对地沿面放电形成短路。

（4）遮蔽顺序错误。

（5）各种撞击损坏电力设备装置和工器具。

2.技能点：遮蔽过程

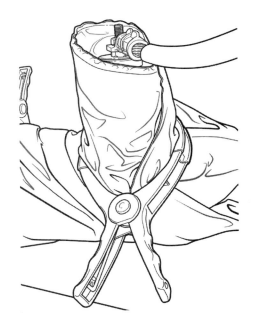

图 7-71 支持绝缘子避雷器遮蔽过程

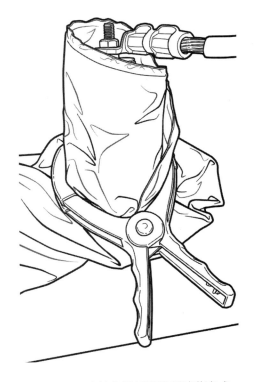

图 7-72 支持绝缘子避雷器遮蔽完成

【技能描述】

（1）作业前均应对人体可能触及范围内的带电体和接地体进行可靠绝缘遮蔽。

（2）设置绝缘遮蔽时，应按照从近到远的原则，从离身体最近的物体依次设置；对导线、绝缘子、横担的设置次序应按照从带电体到接地体的原则，先放导线遮蔽用具，再放绝缘子遮蔽用具。

（3）对绝缘子进行遮蔽时，应避免人为短接绝缘子有效绝缘长度，使用绝缘毯遮蔽绝缘子时应及时使用绝缘毯夹对绝缘毯进行固定，以防止绝缘毯掉落。

（4）绝缘斗臂车操作应缓慢平稳。

【危险点】

（1）作业过程中人体与带电体或接地体之间的安全距离不足、遮蔽不严或遮蔽顺序错误，造成人体触电。

（2）作业过程中人体同时接触不等电位物体造成人体触电。

（3）作业过程中操作不当，工器具材料掉落，伤及地面人员。

（4）绝缘斗臂车操作速度过快，与周围电杆、横担等物体碰撞。